小小植物学家

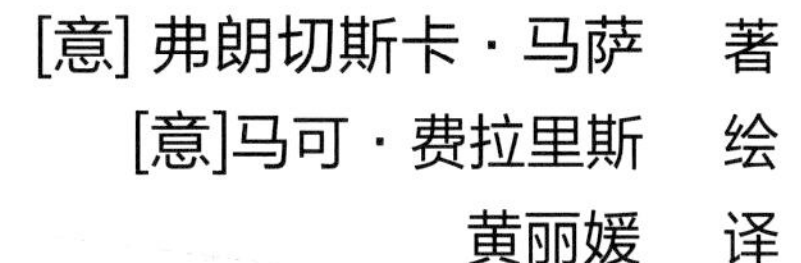

[意] 弗朗切斯卡·马萨　著
[意]马可·费拉里斯　绘
黄丽媛　译

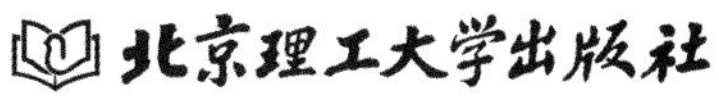

BEIJING INSTITUTE OF TECHNOLOGY PRESS

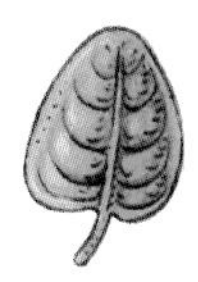

前言

嗨，我叫汤米，今年八岁。长大以后，我想做一名植物学家。

我是在读过一本名叫《小王子》的书之后有了这个想法的。这本书讲了一个小男孩和他心爱的玫瑰的故事。要是你还没读过这本书，我推荐你赶快去读一读！

就这样，在妈妈的帮助下，我也种下了自己的第一株植物：紫罗兰。现在，我每天都要花一点时间照料我的植物：我给它浇水，保护它不被风吹，不被雨淋，它将会用自己的美丽来回报我。

啊，对了！我忘了说，我的妹妹玛尔塔也很乐意帮你。如果你也想做一名植物学家，我们会给你一些建议，告诉你应该怎么开始。

汤米和玛尔塔

目录

花草中的植物学家 4

植物长出来啦

从一颗种子到一株植物 6
会动的植物 8

植物变多啦

种紫菀 10
给洋绣球接穗 12
给康乃馨接穗 14
给圣包罗花接穗 16
从一棵菠萝的叶子开始 18
从郁金香球茎开始 20
种一棵树 22

你和植物

移栽植物 24
一个小小的温室 26
在温室里种植 28
自己动手来做一个植物标本吧 30

特别的花园

石头花园 32
空中花园 34
水上花园 36
芳香花园 38
生机勃勃的花园 40

小小植物学家一定要知道的知识小清单 42

花草中的植物学家

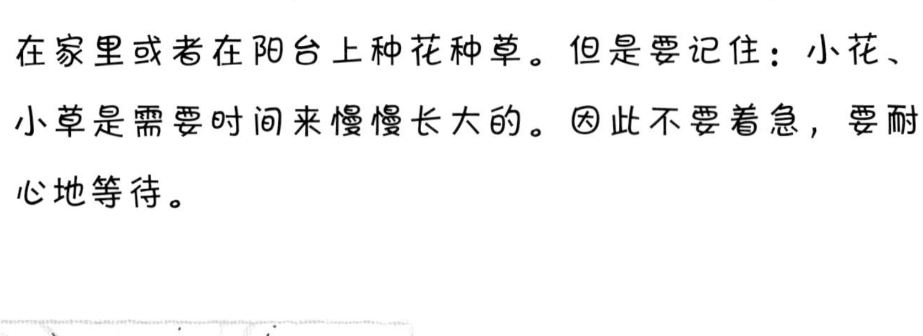

做植物学家，并不一定需要有一座花园，你可以在家里或者在阳台上种花种草。但是要记住：小花、小草是需要时间来慢慢长大的。因此不要着急，要耐心地等待。

你需要：

1条围裙，不要弄脏自己

1副手套，来保护自己的双手

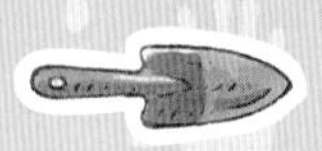

1把小铲子，用来种下植物或者帮它们搬家

1个小喷壶，用来湿润花瓣和叶片

1个洒水壶，用来给小花、小草浇水

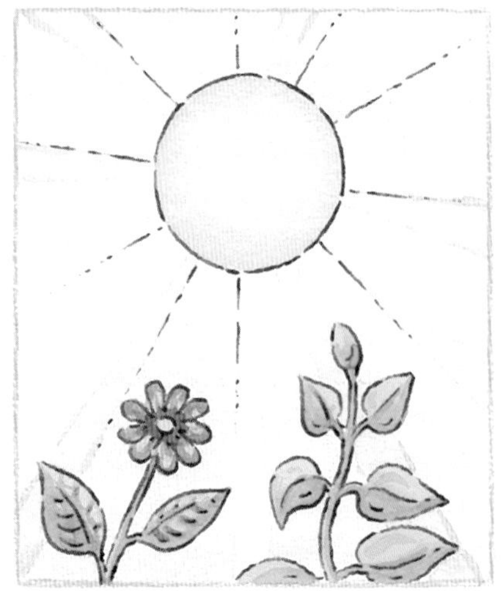

1

一株植物就是一个生命。植物的生长需要阳光、空气和水。

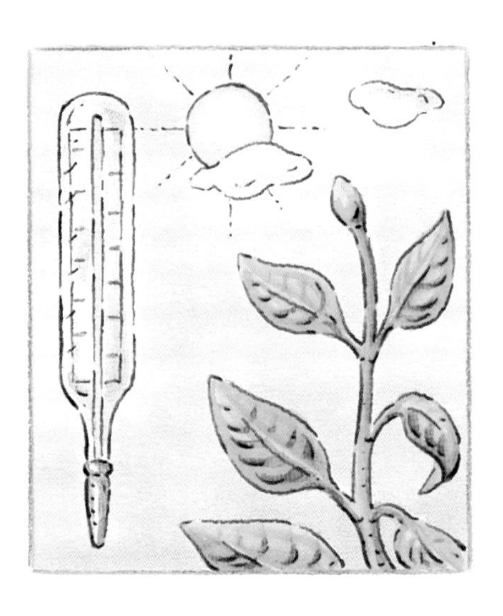

2

植物喜欢空气和温和的环境，所以要让房间的空气流通，或者把花盆放在室外，但别让它们正对着太阳。

注意！当你看到这个标志的时候，要请大人来帮忙。

你知道吗？

如果浇水太多，植物会死掉的。

要把水浇在土壤里，而不是植物上。

要倒掉花盆下面托盘里的水。

如果植物变得干枯，可以把花盆泡在水盆里一个小时。

3

定时给植物浇水，但是不要浇得太多。最好的浇水时间是在早上或者晚上。

4

陶土做的花盆是最好的，因为它们不会让植物的根腐烂。可以准备一些不同形状和大小的陶土花盆。

5

植物的生长还需要肥沃的土壤。要选哪一种土壤，可以问一问苗圃工人。

从一颗种子到一株植物

如果你想凑近一点观察种子是怎么长大的，你可以准备一个玻璃罐。要记住，这个一旦准备好，就要放在一个温度稳定，并且很少被光照到的地方。

1个玻璃罐（那些装果酱的罐子就可以）

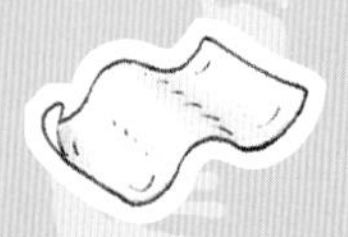

1张过滤纸

一些棉花

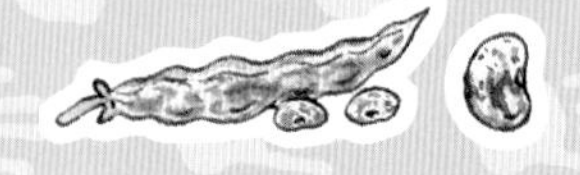

选好的种子：四季豆、豌豆、小麦、玉米

1个洒水壶

1

把过滤纸贴着玻璃罐的内壁放好：把纸卷起来，然后放进罐子里，过滤纸要比瓶口高出几厘米。

2

用棉花把玻璃罐塞满，然后往罐子里倒一点儿水，让棉花保持湿润。

3

把种子塞在滤纸和罐子之间的缝隙里，距离瓶底2厘米。

4

几天以后，这些种子会开始生根发芽，然后就会长出小小的叶子。

5

当植物长到10厘米的时候，把植物移植到填满土壤的花盆里。

你知道吗？

很多植物都是通过开花、结果来不断繁殖的。

当花粉粘在一朵花的柱头上时，它会通过一根细细的管子进入子房。在这里花粉遇到胚珠，就会长出种子。

包裹在种子外面的子房会结成果实。

你需要:

几粒四季豆种子

1个陶土花盆

1把小铲子

1个洒水壶

1块树脂玻璃

4块砖头

1支记号笔

会动的植物

植物是有生命的，所以它们会朝着阳光或者背对阳光来转动。但是大部分植物转动的速度很慢很慢，所以我们根本感觉不到。关于转动的方向，每一种植物都有自己的喜好，比如啤酒花就喜欢从右往左转。

1

把四季豆种子埋在填满土壤的陶盆里。

2

给土壤浇水，并且把花盆放在太阳晒得到的地方。一个星期后，种子就会开始发芽。

你知道吗?

不同的植物有不同的习性。

3

当小豆苗长到大约10厘米高的时候，把四块砖头分立两侧，上面搭上树脂玻璃，把花盆放在玻璃下面。

向日葵总是朝着太阳的方向。

4

现在，用记号笔在玻璃上点一个点，记下豆苗尖的位置。

合欢花一被人碰到，就会往后缩。

5

6个小时后，再看看小豆苗的位置：你会发现豆苗尖的位置已不在做过记号的地方了，因为它旋转了几度。

月见草只会在晚上开花。

你需要:

种紫菀

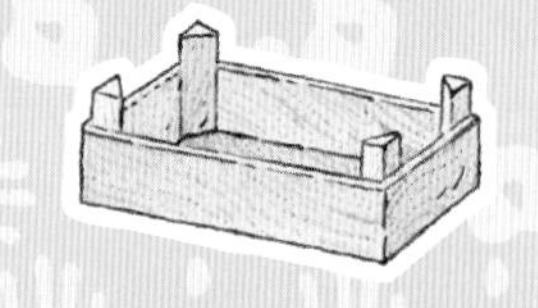
1个四边高高的小木盒

2块透明的尼龙布

1包紫菀种子

一些小碎石

1包松软的土壤

1个小喷壶

1把小铲子

播种是种植的第一步。播种须在适合的时间和条件下进行。你可以在种子的包装袋上找到这些说明。在你试过把一颗四季豆变成一株植物后，现在你可以试试种紫菀。

1

先在小木盒里铺上尼龙布，然后铺上一层小碎石，接着填上土壤。

2

把种子撒在土壤上后，再盖上薄薄的一层土壤，然后用手掌或是小铲子把表面压平。

3

用喷水壶把土壤喷湿。然后把带有小孔的尼龙布盖在木盒上，再把木盒放在阴凉处。

4

在种子开始发芽的时候，拿掉盖着的尼龙布，并定期给它浇水。

5

两个月后，把长出的小苗移栽到花盆或花箱里，这样它们才能有更大的空间继续生长。

种子会被风或水传播到很远的地方。

蒲公英像一把把小小的“降落伞”，被风吹到四面八方。

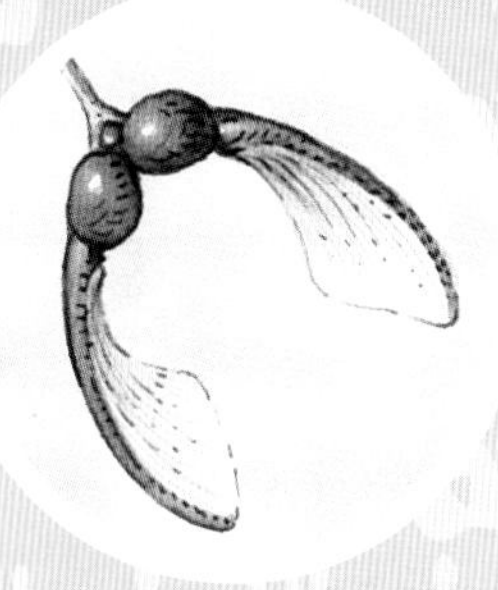

枫树种子像一个“螺旋桨”。

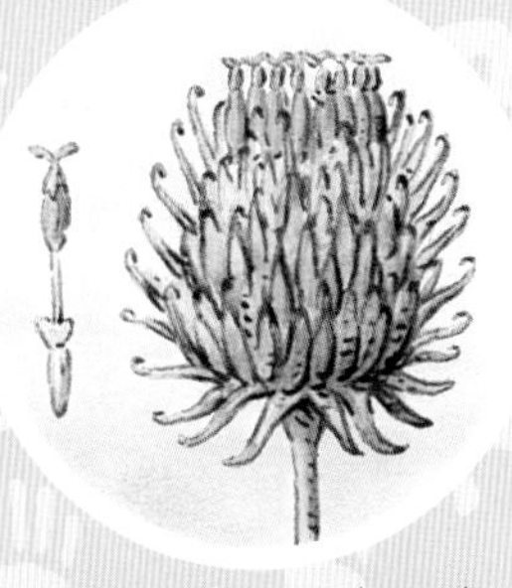

牛蒡种子会利用自己身上的小尖钩，钩在人的衣服或者动物的毛皮上。

你需要：

1株洋绣球

1个陶土花盆

一些沙子

一些松软的土壤

1把小铲子

1个洒水壶

给洋绣球接穗

你想在自己的花园里种下各种各样的植物吗？最常见的方法是播种不同的种子，不过也有其他办法可以增加植物的数量，比如接穗。那什么是接穗呢？就是说你从一株植物上取下一片叶子、一段根茎或是枝条，被取下的茎叶叫作母株，把母株埋在土壤里，定期给它浇水，不久后你就能得到一株一样的植物。现在，我们说完了基本知识，可以实际动手练一练啦：我们给洋绣球接穗。

1

用小刀切下洋绣球的一小段枝条，记得要找大人帮忙。

2

取下来的枝条要保留顶端的部分。你大概需要8厘米长的枝条来做接穗，把枝条下方的叶子都去掉，只保留最上面的两三片。

3

用一半沙子、一半土壤把花盆填满，在最上边留下1厘米的空间。把枝条栽进花盆后，用手轻轻按一按周围。

4

给枝条浇水，然后把花盆放在阴凉处，五天左右以后再把花盆移到阳光下。

5

一个月后，种下的枝条就“抽条”了，也就是已经长出了根，这样一株新植物就成活了，过段日子就能开花啦。

洋绣球最开始生长在气候炎热的国家，比如南非。

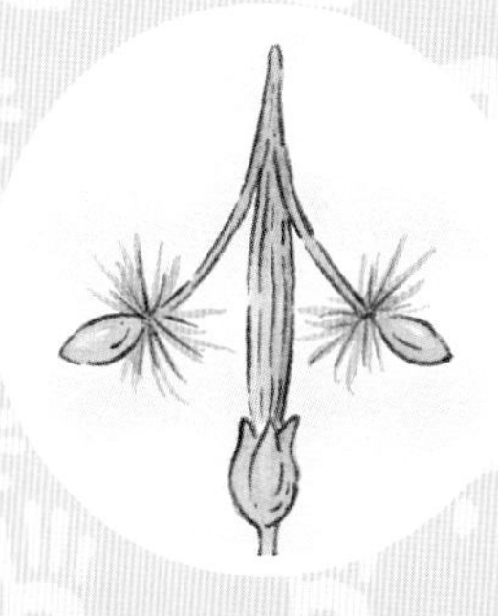

洋绣球真正的名字叫作天竺葵，是从希腊语中的一个词语变过来的，意思是“一种长着大嘴巴的鸟”，因为洋绣球的种子形状像这种鸟的嘴巴。

洋绣球的叶子不仅香味宜人，还有很多其他用途，里面的一种成分可以驱赶蚊子。

给康乃馨接穗

你需要：

1株康乃馨

1把剪刀

1个陶土花盆

一些小石子

一些松软的土壤和沙子

1把小铲子

1个洒水壶

有的康乃馨既小巧又娇弱，有的则花朵很大、花瓣浓密。康乃馨喜欢阳光，并常常散发出特别浓郁的香气：你不仅可以在花园、苗圃找到它们，在草坪和山坡上也能看到它们的身影。剪下康乃馨侧边的枝条，你就可以种出新的花来。

1

侧边枝条长在主茎上，你可以从中选一支已经长出花骨朵的枝条。

2

用剪刀剪下枝条，去掉下面的叶子，然后用手指轻轻地捏一捏枝条的底部。

3

在花盆底放进一些小石子（这些石子是用来排水的），然后用土壤和沙子把花盆填满，距离花盆边1厘米。

4

把枝条插入土壤中，轻轻地浇一点水，再把花盆放在阴凉挡风的地方。

5

你等上一个月，枝条就会扎根。这一段时间里，你要每天浇水，但可别浇得太多，因为康乃馨不怎么喜欢太湿润的环境。

康乃馨的名字来源于希腊语，它代表着宇宙之神宙斯的花朵。

在古代希腊，康乃馨编成的花环是一种作为冠冕的花环，戴上它代表着荣耀。

在美国，母亲节都有一个传统，那就是男士会把一朵白色的康乃馨别在上衣的扣眼里。

你需要：

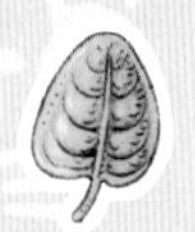 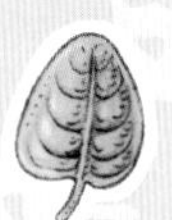 

几片圣包罗花的叶子

1个四边高高的小木盒

1张透明的尼龙布

一些泥炭

一些松软的泥土

几个不同大小的陶土花盆

1把小铲子

1个洒水壶

给圣包罗花接穗

圣包罗花是一种来自非洲的紫罗兰，叶子是毛茸茸的，每年都会开几次花。从一株圣包罗花上摘下几片叶子，每一片都能长成一株和原来一样的植物。要记住，这种紫罗兰喜欢热的环境，不喜欢潮湿的地方。

1

从圣包罗花的母株上摘下几片叶子；把一块尼龙布垫在小木盒里。

2

在木盒里填上泥炭，再把叶子栽进去。把木盒放在炎热但阳光少的地方。

你知道吗?

3

每天浇一点点水，湿润一下土壤。一个星期后，两天浇一次水。

圣包罗花也叫非洲紫罗兰或非洲堇。

圣包罗花的叶子表面有一层细细的绒毛，它是用来保护自己不被阳光晒到，以免干枯。

4

一个月后，原来的叶片会长出一些小小的叶子。把这些小叶子移栽到装满泥土的小花盆里。

5

保持土壤湿润，但是不要让叶片沾湿。一个月后，把植物移栽到更大的花盆里。

为了让圣包罗花活得更久，需要每周浇两次水，但是不要把水浇在叶子上。

你需要：

1个菠萝头

1个陶土花盆

一些沙子

一些松软的泥土

1把小铲子

1支植物用的温度计

1个洒水壶

从一棵菠萝的叶子开始

给菠萝这种水果进行接穗，是另一种非常有趣的种植方法，你在家里就能做到，它会给你带来很大的成就感。

1

下次你吃菠萝的时候，把菠萝头切下来，就是带有叶子的那部分，大约要留下两厘米厚的果肉。

2

把菠萝头放在炎热的地方三天，让它变得干燥。

3

把菠萝头种在填满泥土和沙子的花盆里，再把花盆放在光线充足的地方，温度保持在20℃~25℃。

有很多比较矮小的蔬菜和水果，都可以种在花盆里。

最小的一种番茄，高度不到20厘米，但是这种番茄的果实却一点都不羡慕比自己长得大的兄弟们。

4

每十天给叶子浇一次水。大约两个月后，菠萝头就能生根了。

5

把植物搬到更加阴凉的地方（温度不要超过10℃），每六天浇一次水。

橙子的花白白的，会在春天开放。要想结出果实，它们需要很多阳光，还有温和的空气。

你需要：

从郁金香球茎开始

3颗郁金香球茎

1个直径为20厘米的陶土花盆

一些沙子

一些松软的泥土

一些泥炭

1把小铲子

1个洒水壶

郁金香是从球茎长出来的。在每一颗球茎里，都有一株沉睡的植物，需要足够的养分才能生长。春天，植物苏醒，开始朝着阳光生长。当花和叶子都枯萎时，郁金香的生命能量就重新回到球茎中，等待着来年再开花。

1

在花盆底铺上一层沙子，厚度大约为2厘米，然后用泥土和泥炭混合的土壤填满一半花盆。

2

把3颗郁金香球茎插在土壤中，要让尖尖的地方朝上。种植深度应该是球茎高度的1.5倍。

你知道吗？

许多花朵的名字都是来源于希腊神话。

纳西索斯是一位长相特别俊美的希腊男子，因为他太自恋，爱上了自己在池塘中的倒影，结果滑落在水中淹死了。于是在池塘边长出的花朵，就用他的名字来命名。

鸢尾花来源于希腊女神爱丽丝。对于希腊人来说，她是所有神灵的信使，被女神朱诺变成了彩虹。

3

用松软的土壤把球茎盖起来，再把花盆放在阴凉避光的地方，大概需要两个月时间。

4

定期给郁金香球茎浇水。两个月之后，把花盆搬到阳光充足的地方。

5

到了春天，郁金香开始开花。等到花期结束，把凋谢的花朵和干枯的叶子剪下来。

种一棵树

你需要：

选好的几粒水果种子

1个陶土花盆

一些沙子

一些小石子

一些松软的泥土

1把小铲子

1块透明的尼龙布

1团绳子

我们人类离不开树木。它为我们的呼吸提供氧气，为取暖提供木材，也为我们提供果实。看着一棵高大挺拔的绿树，我们很难想象它是怎样长这么大的。其实只需要一粒种子！你也可以试着种出一棵大树，这一定会成为你快乐的记忆。

1

冬天，把种子埋在一点点沙子中，让种子变得干燥，然后把它放在干燥的环境中，等待春天的来临。

2

到了春天，在花盆底撒上一把小石子，然后用一点微微湿润的泥土把花盆填满。

3

用手指在泥土里挖一个小洞，然后把种子埋在深3厘米的地方。

4

把扎了小孔的尼龙布盖在花盆上，等到种子开始发芽时，第一时间把尼龙布取下来。

5

每周给小树苗浇三次水。几个月后，小树苗长大一些，就可以移植了。

世界上最大的树是加利福尼亚的一棵巨杉。

巨杉树的高度达到100米。

而最小的树则是盆栽。

要想知道一棵树的年龄，我们可以数一数树干的横截面上有多少道年轮。

你需要:

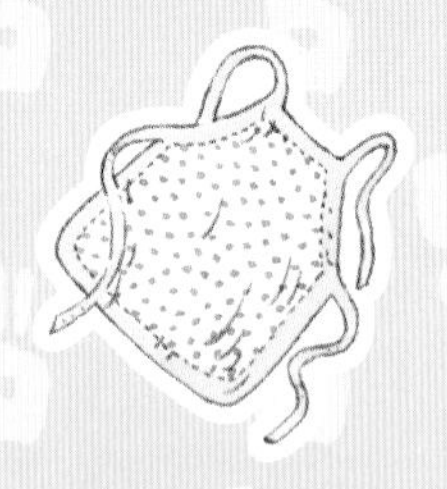

1条园艺围裙

1副园艺手套

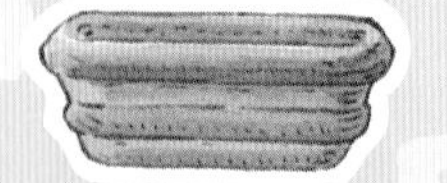

1个盒子形状的花箱

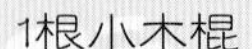

1根小木棍

几张报纸

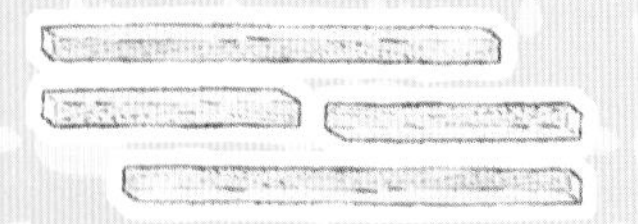

4根小木条

1个洒水壶

移栽植物

移栽植物很简单，但需要按步骤来。当植物在花盆里长得太茂盛时，它们需要更大的空间来生长，这就需要移栽了。最好的移栽时间是春天或者夏天，要根据不同的种类来选择。如果你没有自己的花园，可以把植物移栽到花箱里，里面填满松软的泥土。

1

把植物从花盆中拔出来之前，先给它们浇一点水。在花箱的泥土里戳几个距离适当的小洞，这就是你要移栽它们的地方。

2

从花盆中拔出第一棵植物：捏着植物的叶片，然后用小木棍把根刨出来。

3

把植物的根插进已经准备好的小洞里，用手按一按植物周围的泥土。

给植物浇水，然后用报纸把它们盖起来，还要用四根小木条把报纸撑起来。这样能帮助它们适应新的生长环境。

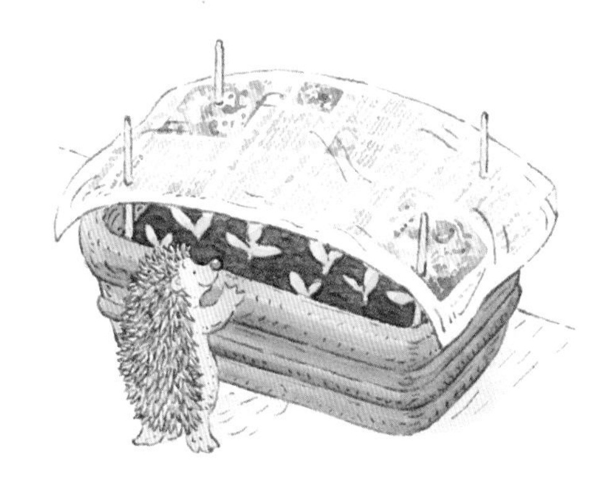

5

三天后，把报纸取下来，现在植物需要阳光和热量。

你知道吗？

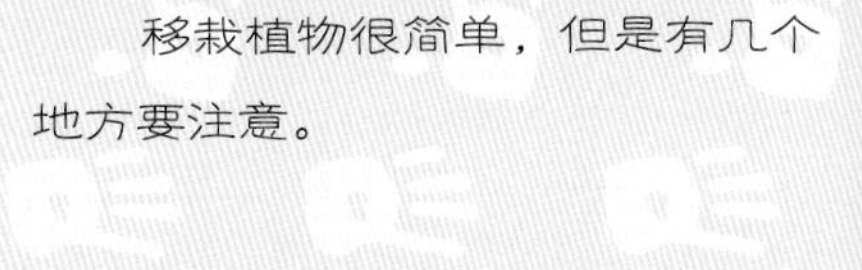

移栽植物很简单，但是有几个地方要注意。

错误的移栽方法

泥土填得太满，影响了给植物浇水。植物的根被压住，这样植物会长得很慢。

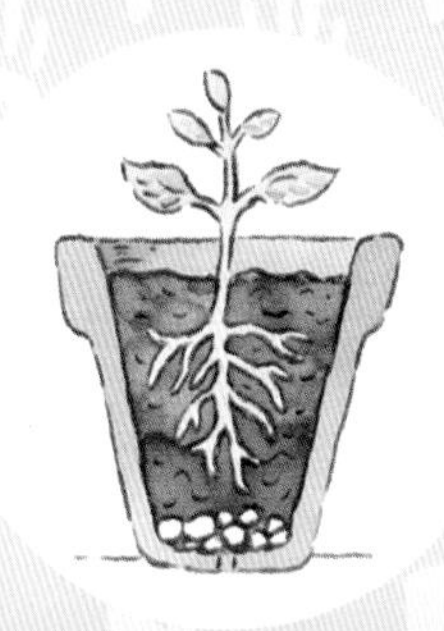

正确的移栽方法

花盆中填好泥土后，距离花盆边留有1厘米的空间。植物的根能够向下生长。

一个小小的温室

你需要：

1个长60厘米、高30厘米的木盒

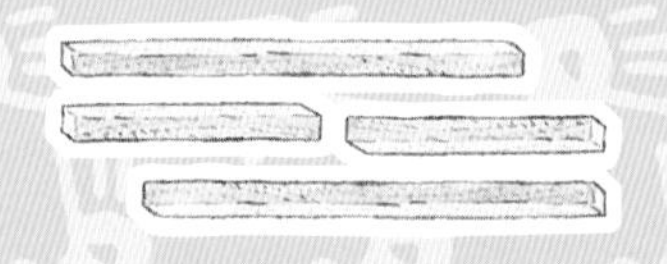

4根小木条

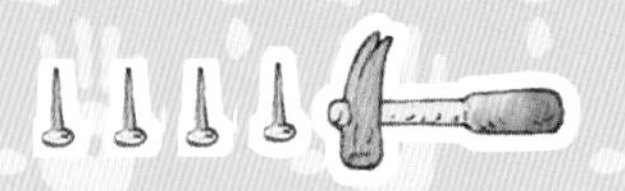

1把锤子和4个钉子

1个防水的漆桶和1把刷子

木胶和1张透明或半透明的塑料布

1把螺丝刀、2个合页和2个扣眼

准备好木盒，小木条，锤子、钉子、漆桶和刷子，木胶、塑料布以及螺丝刀、合页和扣眼，现在你可以开始撸起袖子干起来了！

1

要制作这个温室，你要找一位大人来帮忙。在盒子底部钻上两三个小孔用来排水。

2

准备盖子：用4根木条做成一个坚固的木架（参照细节图1）

3

在木架和木盒上涂上防水油漆，然后晾上一天。

难

你知道吗？

种子要想发芽，需要热量和水分。只要有一个温室，冬天也可以让鲜花开放。

4

在木架上涂上木胶，然后把透明或半透明的塑料布贴在上面。

细节图1

5

把盖子放在木盒上，用两个合页把它固定好（参考细节图2）。

细节图2

6

把两个扣眼安装在木盒打开盖子的地方，这样刮大风时木盒的盖子就不会被吹开。（参考细节图3）

细节图3

你需要:

在温室里种植

1包混合鲜花种子

一些沙子

一些小石子

一些松软的泥土

一些泥炭

1把小铲子

1支记号笔

几张小卡片和几根牙签

花园有露天的，也有遮盖起来的。温室就是这样特殊的地方，植物可以在温室中通过玻璃顶盖接收阳光，一年四季都能保持温暖。这样一来，就算外面在下雪，温室也能使植物常青，鲜花盛开。

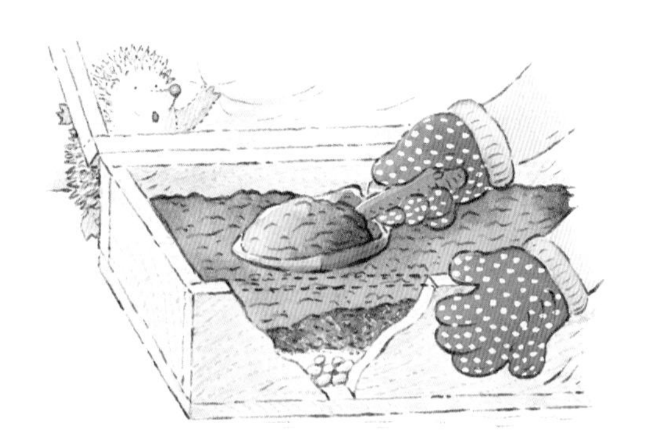

1

在温室底部铺上一层小石子，再加上一点沙子后，再用泥土和泥炭的混合土壤填满。

2

用喷水壶把土壤喷湿，然后在土壤表层撒下一些种子，成行排列。

3

用记号笔在小卡片上写上花的名字，然后对照着种子的位置将卡片放好。

4

用两三厘米厚度的泥土层把种子盖上，每天浇一次水。

5

当这些种子长成小花苗的时候，把它们移植到花园或者花箱里。

你知道吗？

为了保护你的植物不被寒冷的冬天伤害，你可以制作一个保温室，下面是制作方法。

用一块透明的塑料布盖在植物上，再用橡皮圈把塑料布绑在花盆上。

记得在塑料布上扎几个小孔，保证空气的流通，这样植物才能呼吸。

自己动手来做一个植物标本吧

你需要：

1个塑料容器

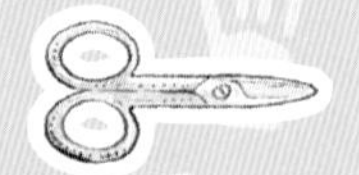

1把剪刀

几张吸水纸

2本厚厚的书

几张薄薄的纸板

透明胶带

几个塑料文件袋

1个活页文件夹

如果你想保留一段在山里或乡下散步游玩的美好回忆，没有什么比做一个植物标本更好的了，植物标本就是一个鲜花干燥之后的收藏品。你只需要采集几种最常见的鲜花样本。

1

从花茎下方把花朵剪下来，放在塑料容器里，并做好标记，这样就能记住是在哪里采摘的这些花朵。

2

去除鲜花的水分：把花朵夹在两张吸水纸中间，要把植物的每一部分都铺平展开。主要有四部分：萼片、花瓣、雄蕊和心皮。

你知道吗?

有些植物的浆果是有毒的，虽然它们的外表看起来非常吸引人。

别拉多娜草的浆果是球形的，颜色是红色或者黑色。它是有毒的。

泻根是一种攀缘植物，它的果实是红色的，有毒的。

铃兰的红色果实也是有毒的。

3

把吸水纸压在两本厚厚的书本下。这也是所有植物标本制作的关键之处！控干水分，才能完成标本，所以一般情况下尽量采集含水分较少的植物，比较容易成功。

4

三个星期后，把已经干燥压扁的花朵用胶带粘在纸板上，再放在塑料文件袋中。

5

在纸上写一些基本信息，如花朵的名字、采摘的日期、生长的土地类型。这样你就可以对比在不同环境里生长的植物样本了。

你需要:

1个四边高高的、用来装水果的小木盒

1块透明尼龙布

1块用来当作大岩石的小石头和一些苔藓

一些泥土和沙子

几块小石子

1朵三色堇

1株迎春花

1把叉子

石头花园

如果你在山里踏青时，被生长在岩石间五彩缤纷的鲜花所吸引，那么你要知道，其实只要按照一定的方法，自己在家里也能造出一个石头花园。初春是种植小花小草最好的时间。要记住，这些种在石头花园里的花花草草，不能超过15厘米高。

1

在木盒里垫上尼龙布，再铺上一层3厘米厚的沙子。

2

把石头放在木盒中央，把其他部分用沙子和泥土的混合土壤填满。在石头上盖满苔藓。

3

在沙土里埋下几个小石子，可以把它们摆成圆圈形的，这样就能当作两个小花盆来使用。

4

在小花盆里填满沙子和泥土，在每一个小花盆中种下一株植物。

5

用小叉子给沙土“梳一梳头发”，划出几道波浪。把你的石头小花园放在阳光下，每天用喷水壶喷一喷水。

冬天，山里的植物要和寒冷作斗争，到了夏天，它们又要对抗炎热，因为太阳会把岩石烤得滚烫。

像五虎草这样的高山植物长得都很矮小，这是为了对抗恶劣的天气，以更好地保护自己。

其他高山植物，比如高山火绒草，身上长了一层浅色细密的绒毛，是为了反射太阳光。

空中花园

你需要：

1块海绵

1段长为80厘米的绳子

1包三叶草的种子

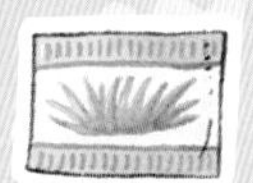

2包亚麻种子

1包大麦种子

1个喷水壶

最有名的空中花园是神话中古巴比伦城建造的；这些花园建在三十级高耸入云的高地上，就像一个巨大的空中楼梯。传说国王尼布甲尼撒下令建造空中花园，是为了他年轻的妻子。我们今天也能建造一个美丽的空中花园。

1

把绳子穿入海绵里。在绳子一端打一个结，固定在海绵上，这样就能让整条绳子穿过海绵。

2

蘸湿海绵，再挤出多余的水。

3

把植物种子埋在海绵的每个小洞里。

4

找一个大人来帮忙，把海绵挂起来；挂在窗户边是再好不过的了，因为这样可以被阳光照到。

5

每天用喷水壶给你的空中花园喷一喷水。大概两个星期后，整个海绵上就会长满绿叶和五颜六色的鲜花。

你知道吗？

许多植物对我们人类来说是必不可少的。

大麦是一种谷物，可以用来制作啤酒。

三叶草可以作为动物的饲料。

从亚麻的茎秆里可以提取出纺织纤维。

你需要：

1个大大的水盆

一些碎石子和泥土

一些小石头

1朵睡莲

1株慈姑

几朵浮萍

1个洒水壶

水上花园

你看到过一条鱼生活在陆地上或者陆地上的动物生活在水里吗？好吧，其实植物比动物更加“灵活”：如果没有土壤，植物也能在水里生长。这种特别的培育方法有一个专门的名字——水培。这种方法很简单，只需要花费一点精力，定期给植物施一点可以溶解在水里的肥料就可以了。

1

在盆底铺上一层碎石子，再铺上一层泥土，最后铺上一层碎石子（三层厚度是水盆高度的1/3）。

2

把水生植物栽入水盆中，取一些小石子围在植物的根茎旁，这是为了防止植物漂浮在水面上。

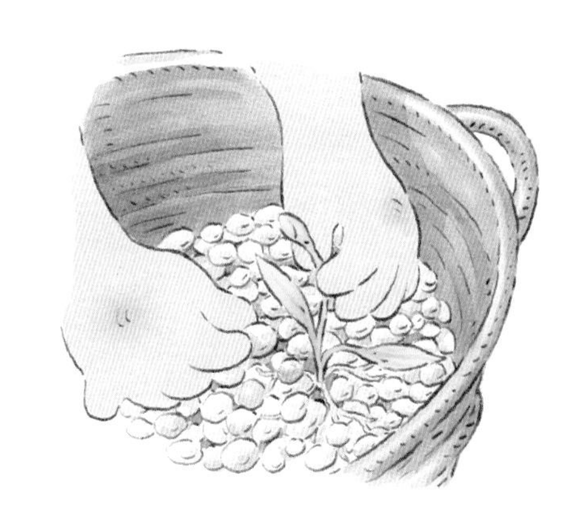

3

把水盆里倒上水，尽量不要改变已经放好的植物的位置。

4

加上一些浮萍。你也可以在水盆里养几条小金鱼，这样你的水上花园会变得更有趣。

5

定期照料你的花园：如果植物生长得太茂盛，就拿出一些，再加上水，尤其在夏天，加水是为了补充蒸发掉的水分。

有些植物是生长在水里的，所以它们叫作水生植物。

睡莲生长在池塘和淡水湖里，浮在水面的叶片厚厚一层，像一小块一小块地毯。

荷花也是水生植物。

你需要：

芳香花园

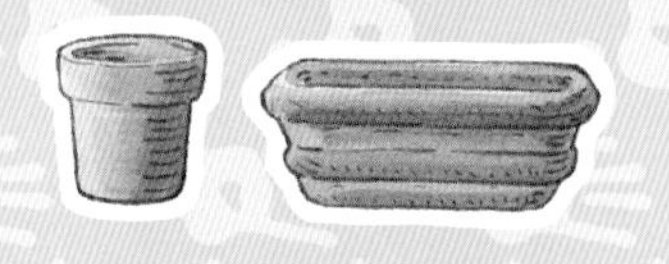

不同大小的陶土花盆

种植香草的专用泥土

鼠尾草和迷迭香幼苗

薄荷和罗勒幼苗

几个香葱的球茎

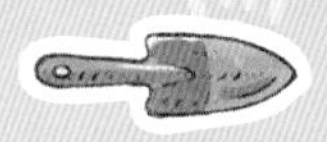

1把小铲子

1个洒水壶

你想在家里拥有一个冬天也能欣赏的芳香花园吗？其实很容易，只要在小小的阳台上种一些罗勒、百里香、薄荷、迷迭香和鼠尾草就行了。这些香草喜欢阳光，所以要把它们朝东或者朝南摆放，最好靠着一面墙，这样热量更加集中，也能减弱大雨的冲击力量，避免植物被刮来的风直接吹倒。

把鼠尾草和迷迭香种在直径大约为20厘米的大花盆里，每周浇一次水。经常用小剪刀剪掉植物的顶端，以防止它们长得太高，不然它们的根部会长得像木头一样僵硬。在木头上是长不出叶子的，它们很快就会变得光秃秃的。这些植物喜欢阳光，所以在寒冷的季节要把它们搬到屋子里。

难

你知道吗？

花朵的香味是用来吸引昆虫的。

薄荷和罗勒喜欢阳光，不过只要把它们放在温暖避风的地方，即使有些阴暗，它们也能生长得很好。你可以在三四月份，把这些植物种在花盆里，填上香草专用的泥土，适当浇水。

香葱是一种从球茎长出来的植物，和大蒜有点像。春天，你可以在花盆里埋下几颗小球茎，填上香草专用的泥土。香葱喜欢温暖湿润的环境，所以需要隔天浇一次水。

当一只蜜蜂来“拜访”鼠尾草的花朵时，是为了寻找花蜜，花朵的雄蕊弯下来，几乎能碰到蜜蜂的背，就好像花朵要把自己的花粉装在蜜蜂身上一样。

薄荷有一种独特的香味，即使把它的叶子晒干，这种味道也能保留很长时间。

你需要：

生机勃勃的花园

1个鞋盒

1块彩色尼龙布

木胶

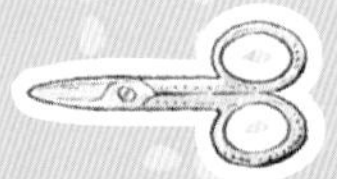

1个圆规

1把剪刀

2个小粘钩

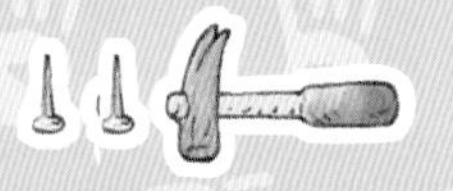

1把锤子和2颗钉子

小鸟本应该利用树干和岩石间的小洞筑巢，但是在喧闹的城市，它们很难有自己的小巢。所以，山雀、麻雀和其他小伙伴，一定会喜欢我们为它们建造的鸟巢。

1

在鞋盒内部粘上一层彩色尼龙布，把鞋盒包起来。

2

为鸟巢做一个出口：用圆规在鞋盒盖子上画一个圆，直径为7~8厘米，然后沿着线剪出一个圆形。

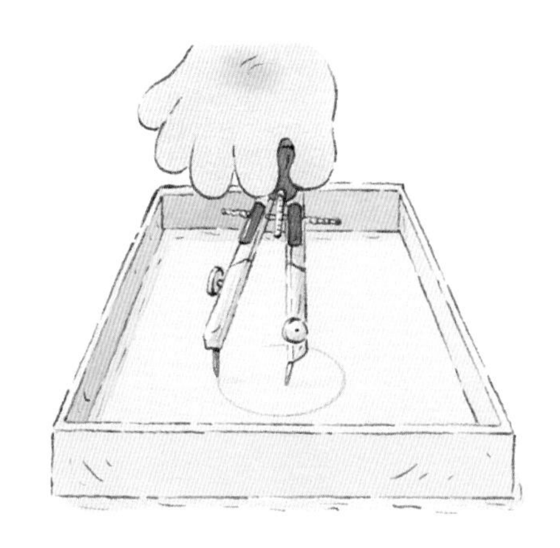

易

你知道吗？

你的花园可能会住满各种各样可爱的小动物。

3

把盖子粘在盒子上，放在一旁晾干，然后用彩色尼龙布把盒子外部也包起来。

瓢虫以尘螨为食物，所以它们可以帮助植物保持清洁。

4

在盒子背面装上两个粘钩，这样你就能把自己制作的小鸟巢挂起来了。

毛毛虫能变成五颜六色的蝴蝶。

5

仔细选一个放置鸟巢的地方：最好是背靠树干或者靠墙，但是要注意避开会被风吹和雨淋到的地方。

要传播花粉，离不开蜜蜂的帮忙。

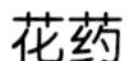

小小植物学家一定要知道的知识小清单

花药
花药是花朵雄蕊顶端的部分，连着花丝，里面有花粉。

盆栽
种植在浅花盆里的植物。这种植物的根部、茎干和叶片都经过人工修剪。

球茎
有些植物有球茎（如郁金香、风信子等），这是植物埋在土里的部分，形状像洋葱，里面含有营养成分。

心皮
心皮就是变态的叶片，雌蕊就是由心皮组成的。

叶绿素
这是一种色素。有了叶绿素，植物才能“捕捉”太阳的能量作为自身生长的养料。

生态系统
生物和它们生存的环境构成了一种自然的平衡，承载这种平衡的地方就是一个生态系统。

光合作用
绿色植物能够把太阳光用作自己生长的能量，多亏了这样的能力，它们才能把水和空气中的二氧化碳转化为糖和氧气。糖为植物提供养分，而氧气则释放到空气中。

栖息地
适合某种生物生长的环境。

腐殖质
树叶（还有其他植物）和死去的动物腐烂形成的土壤中的有机物质。

杂交植物
经过两种不同植物杂交后得到的新种类植物，目的是培育出具备一定特点的新品种，比如能开出某种颜色的花朵或是结出更大的果实。

水培法
一种不需要土壤而是用水进行培育的方法。植物的根部实际上是埋在沙土或是碎石中，并且浸泡在施有肥料的水中。

花粉传授
这是雄蕊上的花粉进行传播的过程，目的是通过授粉长出新的植物。花粉可以随着风、动物和水流进行传播。

植物繁殖
是指某些种类的植物不是通过种子，而是通过其他部分如茎干、叶片等进行繁殖的方式。

园艺种植
类似于蔬菜种植。

寄生物
指的是依靠其他生命存活的生物（也叫“宿主”）。比如，尘螨就是一种寄生物，它们会危害到植物的健康。

花梗
支撑花朵和果实的枝条。

小小植物学家一定要知道的知识小清单

一年生植物

这种植物在一年期间生长、开花，最后死去。

芳香植物

这些植物通常具有宜人的香气和味道，所以用途广泛，比如薄荷、鼠尾草、迷迭香。

两年生植物

在两年期间成熟的植物：它们在第二年开花、结出种子。

多年生植物

多年生植物指的是寿命超过一年的植物。

雌蕊

花朵的雌性器官，由子房、花柱和柱头组成。

根茎

根茎指的是植物横卧在地下的根状地下茎，通常含有营养物质。

常绿植物

终年保持绿色的树木。

萼片

花的最外一环，一环完整的萼片组成了花萼。

雄蕊

花朵的雄性器官，由花丝和花药组成。

泥炭

土地的化石层，是经过植物和苔藓腐烂形成的。泥炭虽然不肥沃，但是非常有用，因为泥炭可以储存水分，还能吸收肥料。

树干

这是一棵树的支柱，从树干上生出树枝，树枝生出树叶。树干是区分乔木和灌木的基本条件。

作者：弗朗切斯卡·马萨是一位才华横溢的自由设计师和作家，专门为儿童和青少年写图书。作为一名独立设计师，她曾为许多包装商和出版社工作，她的合作伙伴包括多家知名公司，如培生教育（Pearson Education）、卡斯特洛出版社（Il Castello）、鲁斯科尼出版社（Rusconi Libri）、Creabooks包装商、Susaeta出版社、卡比特洛出版社（Il Capitello）、牛顿康普顿出版社（Newton&Compton）等。

插画家：马可·费拉里斯出生在热那亚，从很小的时候就开始绘画。他自学了所有绘画技法，能够运用不同技巧完成画作。他与来自意大利、西班牙和德国的众多客户进行合作，设计出高质量的作品。《我是全能小工匠》系列首先在意大利市场发行，随后被全球多个国家引进出版。

图书在版编目（CIP）数据

小小植物学家 / (意) 弗朗切斯卡・马萨著 ; (意)马可・费拉里斯绘 ; 黄丽媛译. 北京 : 北京理工大学出版社, 2018.1

（我是全能小工匠）

ISBN 978-7-5682-4741-2

Ⅰ.①小… Ⅱ.①弗… ②马… ③黄… Ⅲ.①植物—儿童读物 Ⅳ.①Q94-49

中国版本图书馆CIP数据核字（2017）第213921号

北京市版权局著作权合同登记号图字：01-2017-5064

出版发行 / 北京理工大学出版社有限责任公司
社　　址 / 北京市海淀区中关村南大街5号
邮　　编 / 100081
电　　话 / （010）68914775（总编室）
（010）82562903（教材售后服务热线）
（010）68948351（其他图书服务热线）
网　　址 / http: //www. bitpress. com. cn
经　　销 / 全国各地新华书店
印　　刷 / 北京龙跃印务有限公司
开　　本 / 889毫米 × 1194毫米　1 / 16
印　　张 / 3
字　　数 / 86 千字
版　　次 / 2018年1月第1版　2018年1月第1次印刷
定　　价 / 39.80元

责任编辑 / 申玉琴
文案编辑 / 申玉琴
责任校对 / 周瑞红
责任印制 / 施胜娟

图书出现印装质量问题，请拨打售后服务热线，本社负责调换